Bibliografische Information der Deutschen Nationalbibliothek:

Die Deutsche Bibliothek verzeichnet diese Publikation in der Deutschen National-
bibliografie; detaillierte bibliografische Daten sind im Internet über http://dnb.d-
nb.de/ abrufbar.

Impressum:

Copyright © 2018 GRIN Verlag
Druck und Bindung: Books on Demand GmbH, Norderstedt Germany
ISBN: 9783668719569

Dieses Buch bei GRIN:

https://www.grin.com/document/427318

Robert Prate

Biotechnologische Herstellung eines Reinmetalls aus einem Erz. Ist Gallium als kritischer Rohstoff einzuschätzen?

GRIN Verlag

Seminararbeit

Thema

Wie kann man auf biotechnologischem Weg aus einem Erz ein Reinmetall (Gallium) herstellen und ist Gallium als kritischer Rohstoff einzuschätzen?

Vorgelegt von:

Robert Prate

Seminarkurs 12

Fachrichtung:

Biotechnologie (mikrobakterielle Laugung von Metallen)

Abgabedatum:

10.01.2018

Inhaltsverzeichnis

Abbildungsverzeichnis

Abkürzungsverzeichnis

in alphabetischer Reihenfolge

As	- Formelzeichen: Arsen
ATP	- Adenosintriphosphat
c_{Ga}	- Galliumkonzentration
E_H	- Redoxpotential
Fe	- Formelzeichen: Eisen
Ga	- Formelzeichen: Gallium
ICP-MS	- inductively couplet plasma mass spectrometry
NADPH	- Nicotinamidadenindinukleotidphosphat
pH-Wert	- lat. potentia hydrogenii = „Stärke des Wasserstoffs"
ppm	- parts per million (Hilfsmaßeinheit)

Tabellenverzeichnis [1]

von Metallsulfid oxidierenden, acidophilen Mikroorganismen

a) Phylogenie[2]

Spezies	Phylum	G+C (Mol-%)
Acidimicrobium ferrooxidans	Actionobakterien	67-69
Acidithiobacillus albertensis	Proteobakterien	61.5
Acidithiobacillus caldus	Proteobakterien	63-64
Acidithiobacillus ferrooxidans	Proteobakterien	58-59
Acidithiobacillus thiooxidans	Proteobakterien	52

b) Optimum und Wachstumsbereich für pH und Temperatur

Spezies	pH Optimum	pH Minimum-Maximum	Temperatur Optimum (°C)	Temperatur Minimum-Maximum (°C)
Acidimicrobium ferrooxidans	2	na	45-50	<30-55
Acidithiobacillus albertensis	3.5-4.0	2.0-4.5	25-30	na
Acidithiobacillus caldus	2.0-2.5	1.0-3.5	45	32-52
Acidithiobacillus ferrooxidans	2.5	1.3-4.5	30-35	10-37
Acidithiobacillus thiooxidans	2.0-3.0	0.5-5.5	28-30	10-37

c) Physiologische Eigenschaften

Spezies	Oxidation von:				Wachstum
	Pyrit	anderer Metall-sulfide	Fe(II)-Ionen	Schwefel	
Acidimicrobium ferrooxidans	+	na	+	-	F

---

[1] Sand, Wolfgang/ Donati, R. Edgardo, Microbial Processing of Metal Sulfides, 2007, S.5;6;7

[2] Stammesentwicklung, Stammesgeschichte

Acidithiobacillus albertensis	-	+	-	+	A
Acidithiobacillus caldus	-	+	-	+	F
Acidithiobacillus ferrooxidans	+	+	+	+	A
Acidithiobacillus thiooxidans	-	+	-	+	A

Erklärungen der Abkürzungen:

A = Autotroph

F = Fakultativ

na = Daten nicht verfügbar

+ = ja

- = nein

1. Einleitung

Biotechnologie hat als interdisziplinäres Forschungsgebiet viele Anwendungsgebiete. Dazu zählen die grüne, rote, weiße, graue, braune und blaue Biotechnologie. In der grünen Biotechnologie befassen sich die Forscher mit Inhalten wie zum Beispiel:

> der Verbesserung von Nutzpflanzen,

> der Gewinnung von pflanzlichen Inhaltsstoffen oder Fasern sowie

> der Erschließung von Wirkprinzipien für andere Anwendungsbereiche.

Ein Teilgebiet der grünen Biotechnologie, welches oben nicht erwähnt wurde, ist die Geobiotechnologie. Die Vorsilbe „Geo" bezeichnet die Gewinnung sowie die Lagerung von organischen und anorganischen Rohstoffen, darunter auch Metalle. Dabei steuern die Mikroorganismen (meistens Bakterien) einen großen Teil der natürlichen biogeochemischen Stoffkreisläufe.

Schon seit etwa 10.000 Jahren gewinnen die Menschen Metalle aus Erzmineralien, die überwiegend in der Natur als Metallsulfide vorkommen. Eine besondere Eigenschaft der Metallsulfide ist, dass sie sowohl unter normalen Umweltbedingungen als auch unter der Verwendung von schwachen Säuren unlöslich sind. Die gängige Methode ist, dass man diese sulfidischen Erze (z.B. Kupfer, Nickel, Kobalt) über Flotationsverfahren[3] zu Konzentraten anreichert, aus denen im nächsten Schritt Rohmetalle erschmolzen werden. Als Alternative wurde ein biotechnologisches Verfahren entwickelt, welches umweltfreundlicher und billiger ist. Das sogenannte Biomining ist eine Extraktion von Metallen mit Hilfe von Mikroorganismen. Dabei weiß man heute, dass Mikroorganismen sowohl bei der Entstehung von Mineralien – speziell auch von metallhaltigen Mineralien – als auch bei deren Auflösung eine wesentliche Rolle spielen.

Ziel meiner Seminararbeit ist es, am Beispiel des Galliums darzulegen, wie ein Metall auf biotechnologischem Wege mikrobakteriell gelaugt werden kann und welche Vorteile dies gegenüber Flotationsverfahren hat. Zudem möchte ich noch herausfinden, ob man Gallium als kritischen Rohstoff einschätzen kann.

---

[3] physikalisch-chemisches Trennverfahren für feinkörnige Feststoffe aufgrund der unterschiedlichen Oberflächenbenetzbarkeit der Partikel

Ich gehe davon aus, wenn man Gallium als Reinmetall aus Bauxite[4], Zinkblende-Erze[5] oder Germanit[6] gewinnen möchte, dann müssen diese zuerst mikrobakteriell aufgelöst werden. Die entstandene Metalllösung führt durch eine Solventextraktion[7] und Elektrolyse[8] zum Gallium.

Um meine oben genannte Hypothese zu überprüfen, konzentrieren sich meine Überlegungen auf Folgendes:

> Wo und wie kommt Gallium in der Natur vor und wie kann man daraus elementares Gallium gewinnen?

> Welche wirtschaftliche Bedeutung hat Gallium?

> Was zeichnet eine biotechnologische Laugung aus und inwiefern ist es eine sehr gute Methode für das Metall Gallium?

Für diese Untersuchungen habe ich Internetrecherchen, die Bücher „Biotechnologie für Einsteiger" von Reinhard Renneberg und Viola Berkling und „microbial processing of metal sulfides" von Edgardo E. Donati und Wolfgang Sand benutzt. Zudem habe ich einen eigenen Laugungsversuch an den Forschungseinrichtungen der Technischen Universität Bergakademie Freiberg mit Galliumarsenid und dem Bakterienstamm Acidithiobacillus ferrooxidans durchgeführt.

---

[4] Aluminiumerz

[5] Sphalerit oder Zinksulfid, Mineralklasse der „Sulfide und Sulfosalze"

[6] Kupfer-Eisen-Germanium-Sulfid, Mineralklasse der „Sulfide und Sulfosalze"

[7] zur vollständigen oder teilweisen Entfernung eines gelösten Stoffes aus einem Flüssigkeitsgemisch durch den Zusatz eines geeigneten Lösungsmittels

[8] Prozess, bei dem ein elektrischer Strom eine Redoxreaktion erzwingt

2. Gallium als Rohstoff

2.1. Vorkommen

Gallium ist ein seltenes Element. Es ist nur mit einem Gehalt von 19ppm in der Erdkruste vorhanden. Außerdem kommt es nicht elementar, sondern nur gebunden vor, unter anderem in Aluminium-, Zink- und Germaniumerzen. Aufgrund seiner chemischen Verwandtschaft mit Aluminium ist Gallium vor allem in Aluminiummineralen angereichert. Jedoch sind dabei die Galliumgehalte sehr gering. Selbst das Erz (Bauxit) mit dem höchsten Galliumgehalt enthält nur 0,008% Gallium. Erschwerend kommt hinzu, dass nur sehr wenige Galliumminerale bekannt sind (zum Beispiel Gallit[9], Söhngeit[10], Tsumgallit[11]). Die Hauptvorkommen der Galliumreserven liegen in der USA, in Afrika (Namibia), in der Tschechischen Republik sowie in Japan.

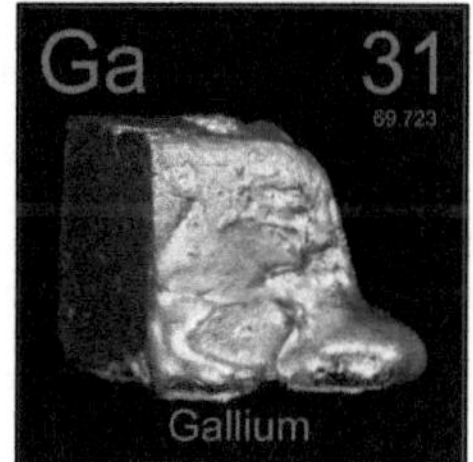

Abbildung 1: Gallium in reiner Form als Metall

2.2. Gewinnung

Gallium fällt als Nebenprodukt bei der Aluminiumherstellung aus Bauxit im Bayer Verfahren ab. Außerdem kann Gallium auch direkt aus der Elektrolyse mit Natronlauge gewonnen werden. Zudem besteht die Möglichkeit Gallium aus Natronlauge[12] mit Kerosin[13] mit Hilfe von Hydroxychinoline[14] aus Chelatliganden[15] zu extrahieren. Nach der Gewinnung kann man Gallium mit einer Vakuumdestillation[16], der fraktionierten Kristallisation[17] oder dem Zonenschmelzen[18] reinigen. Dies sind Möglichkeiten, die in der Industrie verwendet werden.

---

[9] kristallisiert im tetragonalen Kristallsystem mit der chemischen Zusammensetzung $CuGaS_2$

[10] kristallisiert im orthorhombischen Kristallsystem mit der chemischen Zusammensetzung $Ga(OH)_3$ und ist damit chemisch gesehen Galliumhydroxid

[11] kristallisiert im kubischem Kristallsystem mit der chemischen Zusammensetzung $GaO(OH)$ und ist damit chemisch gesehen ein Gallium-Oxid-Hydroxid

[12] Natriumhydroxid (NaOH)

[13] Kraftstoff für die Gasturbinentriebwerke von Düsen- und Turbopropflugzeugen sowie Hubschraubern

[14] heterocyclische organische Verbindung, die sich vom Chinolin ableitet und zu den Phenolen zählt

[15] Verbindung, bei denen ein mehrzähniger Ligand (=besitzt mehr als ein freies Elektronenpaar) mindestens zwei Koordinationsstellen (Bindungsstellen) des Zentralatoms einnimmt

[16] Destillation unter erniedrigtem Druck

[17] Minerale wie Olivin und Pyroxen sinken früher als andere im Magma nach unten ab und bleiben erhalten. Durch die Kristallisation dieser Minerale verändert sich die Zusammensetzung des übriggebliebenen flüssigen Restmagmas

[18] Verfahren zur Herstellung von hochreinen einkristallinen Werkstoffen

Wenn man im Labor Gallium gewinnen möchte, geschieht dies meistens durch eine Elektrolyse einer Lösung Galliumhydroxid in Natronlauge an Platin- oder Wolfram-Elektroden.

2.3. Verwendung

Nachdem man nun kleine Mengen an Gallium produziert hat, werden vorrangig verschiedene Galliumverbindungen hergestellt, darunter auch Galliumarsenid, das Bestandteil von Solarzellen und Leuchtdioden ist sowie als Material zur Dotierung von Silicium dient. Galistan wird zum Bau von (Fieber-)Thermometern genutzt. Gallium in flüssiger Form nutzt man als Sperrflüssigkeit zur Volumenmessung von Gasen und als flüssiges Elektrodenmaterial bei der Gewinnung von Reinstmetallen. Des Weiteren setzt man Gallium zur Beschichtung für Spiegel ein, aufgrund seiner hohen Benetzbarkeit und seiner guten Reflexion. Auch in Schmelzlegierungen, in Wärmetauschern von

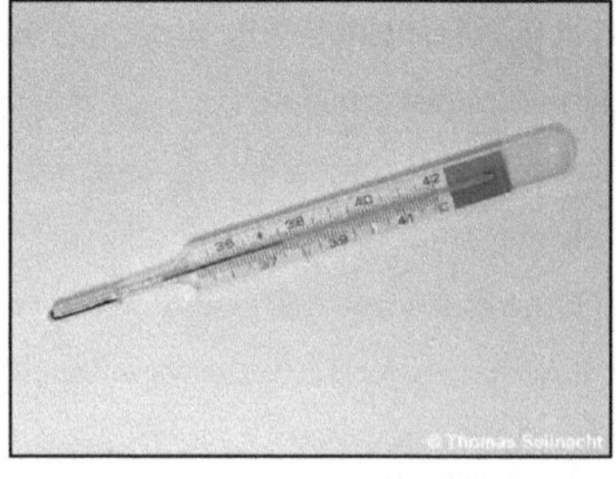

Abbildung 2: Fieberthermometer aus Galistan

Kernreaktoren und als Ersatz für Quecksilber in Lampen findet es Anwendung. Wie auch andere Metalle kann es auch in Legierungen, unter anderem für magnetische Werkstoffe, Supraleiter[19] und Kernwaffen, verwendet werden. Als letztes kann man noch erwähnen, dass es sich sehr gut als Detektormaterial zum Nachweis solarer Neutrinos[20] eignet. Die wichtigsten galliumhaltigen Zukunftstechnologien mit hohen Wachstumspotenzialen sind weiße LEDs sowie Hochleistungs-Mikrochips.

Man kann schon an den vielen und verschiedenen Verwendungsmöglichkeiten klar erkennen, welche enorme Bedeutung Gallium als Rohstoff zugesprochen wird.

2.4. Biolaugung (Biomining)

„Beim Biomining werden die Erze „gelaugt". Biolaugung ist die biologische Umwandlung einer unlöslichen Metallverbindung in eine wasserlösliche Form. Im Falle der Biolaugung von Metallsulfiden werden diese von aeroben, Säure liebenden Fe(II)- und/oder Schwefelverbindungen

---

[19] Materialien, deren elektrischer Widerstand beim Unterschreiten der sogenannten Sprungtemperatur (abrupt) auf null fällt

[20] elektrisch neutrale Elementarteilchen mit sehr geringer Masse

oxidierenden Bakterien oder Archaeen zu Metallionen und Sulfat in saurer Lösung oxidiert."[21] Bioleaching umfasst chemische und biologische Reaktionen. Die Metallsulfid-Oxidation selbst ist ein chemischer Prozess in denen Fe(III)-Ionen zu Fe(II)-Ionen reduziert werden und der Schwefelanteil des Metallsulfids zu Sulfat und zu verschiedenen Zwischenschwefelverbindungen oxidiert. „Because of two different groups of metal sulfides exist, two different metal sulfide oxidation mechanisms have been proposed, namely the thiosulfate mechanism (for acid-insoluble metal sulfides, such as pyrite) and the polysulfide mechanism (for acid-soluble metal sulfides, e.g. sphalerite or chalcopyrite, $CuFeS_2$. These mechanisms explain the occurrence of all inorganic sulfur compounds which have been detected in the course of metal sulfide oxidation."[22]

Um Biomining erfolgreich durchführen zu können, müssen verschiedene Voraussetzungen erfüllt werden. Dabei muss Wasser leicht verfügbar und Wachstumssubstrate müssen in der Lösung vorhanden sein, damit die Bakterienkultur eine Lebensgrundlage hat. Des Weiteren müssen die zu laugenden Erze oxidierbare Stoffe enthalten oder dazugegeben werden. Nach einer erfolgreichen Biolaugung entsteht eine Lösung, die dann das zu gewinnende Metall enthält, aber man muss diese noch extrahieren[23] oder fällen[24].

Die Laugungsbakterien, vorrangig die Stämme Acidithiobacillus ferrooxidans, Acidithiobacillus thiooxidans[25] und Leptospirillum

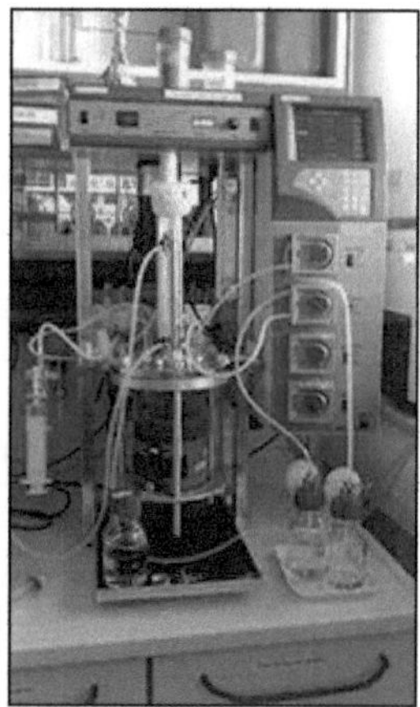

Abbildung 3: Bioreaktor zur Metall-Biolaugung im geomikrobiologischen Labor

---

[21]

http://www.google.de/url?sa=t&rct=j&q=&esrc=s&source=web&cd=1&cad=rja&uact=8&ved=0ahUKEwjj4cyR9MrX AhVO2qQKHYioC2AQFggnMAA&url=http%3A%2F%2Fdechema.de%2FGeobiotechnologie-p-20055375%2F_%2FStatuspapier%2520Geobiotechnologie.pdf&usg=AOvVaw2gtP321eluuiHmEqJEyFL6, 19.11.2017, S.5

[22] Sand, Wolfgang/ Donati, R. Edgardo, Microbial Processing of Metal Sulfides, 2007,S.3

[23] Trennverfahren bei dem mit Hilfe eines Extraktionsmittels eine oder mehrere Komponenten aus einem Stoffgemisch ausgelöst wird

[24] Ausscheiden eines gelösten Stoffes aus einer Lösung

[25] oxidiert reduzierte Schwefelverbindungen zu schwefliger Säure und Schwefelsäure

ferrooxidans[26], tragen eine besondere Bedeutung. Sie haben einen oxidativen Stoffwechsel, dies bedeutet, dass sie schwerlösliche Sulfide[27] in wasserlösliche Sulfate[28] umwandeln können.

Als erstes findet eine abiotische Oxidation statt, wo aus dem Sulfidschwefel ein elementarer Schwefel oder Thiosulfat mit der Hilfe von Eisen(III)-Ionen entsteht. Dadurch liegen die Schwermetall-Ionen, die vorher eine Verbindung mit dem Schwefel eingegangen sind, frei im wässrigen Milieu vor. Hierbei wurden die Eisen(III)-Ionen zu Eisen(II)-Ionen reduziert. Im Folgenden kommen die Bakterien zum Einsatz, die die Eisen(II)-Ionen zu Eisen(III)-Ionen reoxidieren. Dieser Prozess der Eisenoxidation findet unter sauren Bedingungen statt (<pH 4) und als Oxidationsmittel fungiert in der Regel Sauerstoff. Hiermit gewinnen sie auch ihre Energie für die Bildung von ATP und NADPH. Nebenbei wird der Schwefel oder das Thiosulfat[29] zu Schwefelsäure oxidiert, wodurch die Auflösung der Schwermetalle begünstigt wird. Zum Schluss findet man die Schwermetalle als gelöste Ionen in der Lösung wieder.

Die Bedeutung des Biominings spiegelt sich in der Industrie und Wirtschaft wieder. Dort können große Mengen an reinem Metall aus minderwertigen Erzen gewonnen werden. Des Weiteren ist es umweltschonender als andere Verhüttungsmethoden. Bei richtiger Prozessführung entstehen keine Schadstoffe, jedoch bilden sich durch die ganzen Schwefelverbindungen schwefelhaltige Prozesswässer, die abschließend noch neutralisiert und von Schwermetallen befreit werden müssen.

„Industriell wird Biomining bislang lediglich in der Aufbereitung sulfidischer Erze und von Uranerz eingesetzt. Es existieren aber bereits biotechnische Laborverfahren zum Aufschluss silikatischer und oxidischer Erze. Der neu entwickelte Ferredox-Prozess ermöglicht wahrscheinlich die Aufbereitung von Lateriten und oxidischen Erzen wie Manganknollen. Dabei wird eine organische Kohlenstoffquelle wie Glycerin oder günstiger Elementarschwefel oxidiert. Gleichzeitig reduziert Acidithiobacillus ferrooxidans im Mineral gebundenes Fe(III) zu löslichem Fe(II) in saurer Lösung. Wahrscheinlich gibt es in der Natur noch weitere, eventuell leistungsfähigere Mikroorganismen, die für anaerobes Bioleaching einsetzbar sind. Diese wurden bislang nicht gezielt gesucht und in Kultur genommen. Das Anwendungspotential für anaerobes Bioleaching muss noch erschlossen werden. Inwieweit Biomining eine Perspektive zur Gewinnung seltener Erden und anderer Elektronikmetalle

---

[26] primären Eisenoxidationsmittel in industriellen kontinuierlichen Biooxidationstanks

[27] Salze beziehungsweise Alkyl- oder Arylderivate des Schwefelwasserstoffs

[28] Salze oder Ester der Schwefelsäure

[29] Derivate der im freien Zustand unbeständigen Thioschwefelsäure ($H_2 S_2 O_3$)

bietet, lässt sich gegenwärtig nicht abschätzen. Es besteht jedoch eine große Chance, dass Biomining als kostengünstiges Aufbereitungsverfahren einsetzbar ist.“[30]

---

[30] https://www.google.de/url?sa=t&rct=j&q=&esrc=s&source=web&cd=2&cad=rja&uact=8&ved=0ahUKEwiS0MXIvLf YAhUDzKQKHZShC6AQFgguMAE&url=https%3A%2F%2Fdechema.de%2Fdechema_media%2FPP_Geobiotechnol ogie_einzel-p-4334-view_image-1-called_by-dechema-original_site-dechema_eV-original_page- 124930.pdf&usg=AOvVaw3hc9r3iX3aUz3r89RJChDd, 27.12.2017, S.9

3. Material und Methoden

3.1. Mikroorganismen: Acidithiobacillus ferrooxidans

A. ferrooxidans ist ein Gram-negatives stabförmiges Bakterium. Dabei enthält die Bakterienkultur nur ein einzelnes kreisförmiges Bakterienchromosom mir ungefähr 3.000 Genen. Es kommt vorrangig in Gesteinen, Bergwerken und Bergbauhalden vor, die Eisen- oder Schwefelverbindungen enthalten und es bevorzugt in Haufen-Auslaugungsumgebungen.

Abbildung 4: Acidithiobacillus ferrooxidans magnification 30,000 times

Durch ihre chemolithoautotrophe[31] Zellstruktur sind sie in der Lage viele verschiedene Elektronendonatoren zu verwenden, um ihr Wachstum zu fördern. Diese Bakterien sind acidophil[32] und leben bevorzugt in einem pH-Wert von 1,5-2,5, welcher saure Bedingungen darstellt, die eine starke reduzierende Umgebung hervorrufen. Zudem besitzt die Zelle die Fähigkeit den Prozess der Homöostade[33] bei einem neutralen pH-Wert im Bereich des Cytoplasmas zu verhindern. Dadurch werden Schäden und eine reduzierende Umgebung

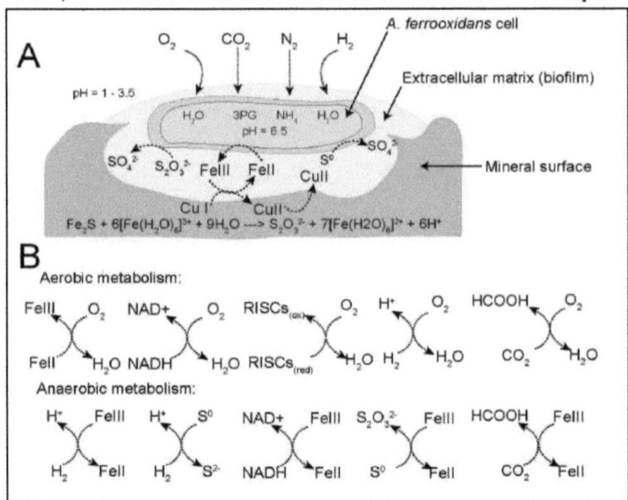

Abbildung 5: A: Example of bio-leaching. B: Aerobic and anaerobic pathways to yield energy for the bacterium

---

[31] eine Form des chemotrophen Energiestoffwechsel, bei dem anorganische Verbindungen oder Ionen die Reduktionsäquivalente für den Energiegewinn liefern

[32] Säure liebend

[33] Aufrechterhaltung eines Gleichgewichtszustandes eines offenen dynamischen Systems durch einen internen regelnden Prozess

im Periplasma[34] vorgebeugt. Hiermit besteht auch die Möglichkeit, dass A. ferrooxidans das Redoxpotential auf 1,12V bei einem pH-Wert von 3,2 erhöht, womit eine höhere Energie vorhanden ist.

Die Rolle von A. ferrooxidans im Bioleaching- Prozess ist die Oxidation der Produkte der chemischen Metallsulfid-Oxidation (Fe(II)-Ionen und Schwefelverbindungen) um Fe(III) und Protonen, die Metallsulfid-Angriffsmittel, bereitzustellen. Dadurch finden sie als bevorzugter Bakterienstamm beim industriellen Bioleaching Anwendung. Darüber hinaus hält die Protonenproduktion den pH-Wert niedrig und damit die Fe-Ionen in Lösung. Es leitet Energie aus der Oxidation von Fe(II)-Ionen und verschiedenen Schwefelverbindungen.

3.2. Kultivierungsbedingungen

Es ist bekannt, dass A. ferrooxidans bei einem pH-Wert von 1,5-2,5 ihr größtes Wachstum aufzeigen. Jedoch muss man dabei beachten, dass sie intolerant gegenüber niedermolekularen Säuren sind. Der Organismus lebt in einer Umgebung mit hohen Metallionenkonzentrationen und ist gegen viele kationische Metalle resistent.

Zuerst habe ich meine Stammlösung (1 Mol) hergestellt. Diese hatte einen pH-Wert von 1,8 sowie ein Volumen von 100ml. Dazu gab ich 27,8g $Fe(SO_4)$ auf 100ml Wasser nachdem ich es eingewogen hatte. Dies fungiert als Nährmedium für A. ferrooxidans, weil es sowohl in der Verbindung Eisen-Ionen und Sulfat-Ionen enthält. Im nächsten Schritt löste es sich auf und ich konnte es steril filtrieren und in Bechergläser umfüllen. Nun hatte ich fünf Bechergläser mit je 20ml der Lösung. Zur späteren Kontrolle meines Experiments gab ich in zwei meiner Bechergläser keine Bakterien dazu.

3.3. Probenahme

Von den 20ml habe ich 2ml entnommen und in Eppis gefüllt. Dann entnahm ich zuerst mit einer Glaspipette steril (mit Bunsenbrenner) 1,5ml und füllte es in ein neues Eppi um. Anschließend maß ich den pH-Wert und das Redoxpotential mit Hilfe von Anoden und Kathoden. Die restlichen 0,5ml waren für die ICP-MS Messung am 13. September, wo ich den Gallium-Gehalt ermittelt habe. Dies habe ich noch mit einem Tropfen HNO_3[35] stabilisiert. Wie bei allen mikrobiologischen Tätigkeiten war hier eine exakte Beschriftung mit Datum und Name der Probe wichtig.

---

[34] Zellkompartiment zwischen Cytoplasmamembran und äußerer Membran Gram-negativer Bakterien

[35] Salpetersäure

Nach der ersten Probenahme gab ich 0,3g GaAs in alle 5 Bechergläser dazu. Nun ist es Aufgabe der Bakterien GaAs mikrobakteriell zu laugen. Die 5 Bechergläser habe ich dann bei 30°C inkubiert und stündlich Proben genommen. Dies war das Gleiche, wie oben beschrieben. Davor musste ich die Eppis noch 1min bei 10.000 Umdrehungen zentrifugieren, damit sich das GaAs unten absetzt und getrennt wird.

Am Ende stellte ich meine Proben in den Kühlschrank. Dabei musste ich aufpassen, dass die Bechergläser nicht komplett verschlossen sind, damit A. ferrooxidans Sauerstoff erhält zum Überleben.

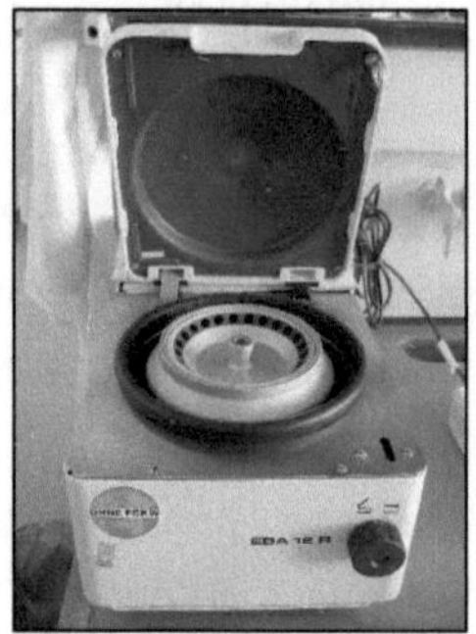

Abbildung 6: Zentrifuge

3.4. Verdünnung und Messung mit ICP-MS

Im zweiten Teil meiner Experimente habe ich die Galliumkonzentration von meinen hergestellten Proben gemessen. Dazu führte ich eine ICP-MS-Messung durch.

Vor den Messungen verdünnte ich meine 0,5ml Probe 1/500. Zu meinem Gesamtvolumen von 10ml gab ich 100µl internen Standard[36] und 20µl der Probe hinzu und füllte es mit Reinstwasser[37] (1x880µl und 2x4,5ml) auf. Im Folgenden habe ich die Eppis verschlossen und gevortext[38]. Danach führte ich eine zweite Verdünnung in fünf Durchläufen durch. Beim ersten Durchlauf habe ich die Proben nicht verdünnt. Im zweiten Durchlauf wurden die biotischen und die abiotischen Proben ½ verdünnt (auf 5ml: 50µl interner Standard und 4,95ml Reinstwasser). Dies habe ich auch für den dritten und vierten Durchlauf für die abiotischen Proben durchgeführt. Bei den biotischen Proben stellte ich eine 1/10 Verdünnung (auf 1ml: 90µl interner Standard und 1x 910µl sowie 1x8ml Reinstwasser) her. Zum Schluss wurden die gesamten Proben 1/10000 verdünnt. Dabei hatte man nur 1µl der Probe, die mit 100µl internen Standard sowie mit 1x899µl und 2x4,5ml Reinstwasser vermischt wurde. Bei den Verdünnungen arbeitete ich mit Pipetten verschiedener Größen. Zum Schluss habe ich die verdünnten Proben zur ICP-MS-Messung gegeben.

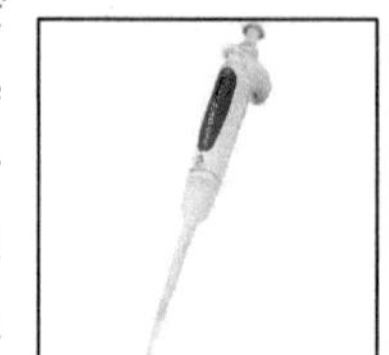

Abbildung 7: Transferpipette für 100µl

---

[36] Hilfsmittel bei quantitativen Analysen zur Erkennung von Probenverlusten während des Analyseverfahrens oder zur Mengenbestimmung eines Moleküls in einer Probe anhand des Vergleichs der Menge des Moleküls mit der bekannten Menge eines in der Probe enthaltenen internen Standards. (besteht aus Rhodium und Rhenium)

[37] besonders gereinigtes Wasser. Im Gegensatz zum herkömmlichen Wasser, wie es in der Natur vorkommt und welches z. B. Mineralstoffe wie Magnesium enthält, beinhaltet Reinstwasser so gut wie keine Fremdstoffe.

[38] zur gründlichen Vermischung

ICP-MS ist eine analytische Methode zur Bestimmung von Elementen in einem kurzen Zeitraum. „Die ICP-MS beruht auf der Ionisierung des zu analysierenden Materials in einem Plasma bei etwa 5000 °C. Zur Erzeugung des Plasmas wird ein hochfrequenter Strom in ionisiertes Argon induziert. Aus diesem Plasma werden die Ionen durch zwei Blenden, die als Sampler und Skimmer bezeichnet werden, in das Vakuum-System des Massenspektrometers überführt. Nach dem Fokussieren in der sogenannten Ionenoptik wird der Ionenstrahl im eigentlichen Massenspektrometer in Ionen unterschiedlicher Masse getrennt."[39] Für mein Experiment hatte ICP-MS den Vorteil, dass nach einer Massentrennung

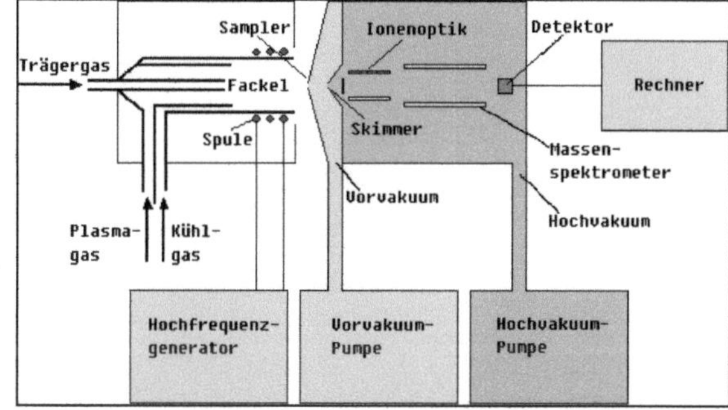

Abbildung 8: Aufbau und Arbeitsmechanismus von ICP-MS

einzelne Ionen detektiert werden und somit die Möglichkeit besteht, die sehr geringen Konzentrationen an Gallium nachzuweisen.

---

[39] http://www.icp-ms.de/wasist.html, 28.11.2017, S.1

4. Ergebnisse und Diskussion

4.1. Auswertung des Laugungsversuches anhand von Diagrammen

4.1.1. pH-Wert

Der pH-Wert ist ein Maß dafür, wie sauer bzw. basisch eine Lösung ist. Dies hängt von der Konzentration der Oxonium- und Hydroxid-Ionen ab.

Hierbei ist zu erkennen, dass es nur geringe Abweichungen bei den fünf Probenahmen gibt. Der pH-Wert bewegt sich in einem Bereich von 2,0 bis 3,1, was eindeutig dem sauren Milieu zugeordnet werden kann. Dies stellt eine optimale Lebensgrundlage für A. ferrooxidans dar. Vor allem bei den biotischen Ansätzen findet man keine großen Unterschiede bei den unterschiedlichen Probenahmen vor.

4.1.2. Redoxpotential

„Das Redoxpotential bezeichnet eine Messgröße der Chemie der Redoxreaktionen. Es ist das Reduktions-/Oxidations-Standardpotential eines Stoffes, gemessen unter Standardbedingungen gegen eine Standard-Referenz-Wasserstoffhalbzelle. In biologischen Systemen ist das Standardredoxpotential definiert beim pH 7,0 gegen eine Standard-Wasserstoffelektrode und bei einem Partialdruck von Wasserstoff von 1 bar."[40]

Bei beiden Ansätzen liegt ein positives Redoxpotential vor, wodurch das Bestreben sehr hoch ist, Elektronen aufzunehmen und somit als Oxidationsmittel zu wirken. Bei den biotischen Ansätzen hat man ein höheres Redoxpotential als bei den abiotischen Ansätzen. Auffällig sind dabei die Probenahmen eins und fünf, wo das Redoxpotential sehr hoch ist. Bei der Probenahme eins wurden die einzelnen Ansätze noch nicht zentrifugiert, wodurch zwischen den einzelnen Elementen sehr viele Redoxreaktionen stattfinden konnten. Im Fall der letzten Probenahme standen die Ansätze für ca. drei Wochen im Kühlschrank, wodurch zahlreiche Elektronenübergänge durchgeführt wurden.

4.1.3. Galliumkonzentration

In den Ansätzen mit Bakterien ist mehr Gallium gelaugt worden, sprich, gelöst worden und somit ist die Konzentration höher als im Vergleich zu den Ansätzen ohne Bakterien. Jedoch sind dies alles Mengen im mg/g-Bereich und manche Probenahmen haben auch ergeben, dass teilweise kein oder

---

[40] https://de.wikipedia.org/wiki/Redoxpotential, 27.12.2017, S.1

sehr wenig (nicht aufnehmbar) Gallium gelaugt worden ist. Bei der ersten Probenahme konnte man keine Galliumkonzentration feststellen, da zuvor der Ansatz zentrifugiert werden muss. Außerdem wurde mit zunehmender Zeit mehr Gallium gelaugt . Daraus kann man schließen, dass der Prozess des Biomings viel Zeit in Anspruch nimmt und so effektiver wird.

4.2. Ursachen für die Messwertergebnisse

Während des Wachstums von A. ferrooxidans auf Schwefelverbindungen konnte man schließen, dass feiner Schwefel angesammelt wird und dann Ablagerungen gebildet werden, die überwiegend mit der Zellwand assoziiert sind. Der Organismus wächst auch anaerob mit Schwefelverbindungen oder Wasserstoff als Elektronendonor und Fe(III)-Ionen als Elektronenakzeptor.

Außerdem fand hier ein indirekter Auslaugungsmechanismus statt, das heißt die nicht-enzymatische Galliumsulfidoxidation durch Eisen(III)-Ionen kombiniert mit einer enzymatischen (Re)oxidation von den Eisen(II)-Ionen. Dieser Mechanismus ist noch unterteilt in zwei Teilmechanismen. Beim berührungslosen Mechanismus oxidieren planktonische Zellen Fe(II)-Ionen und regenerieren somit das Oxidationsmittel, welches anschließend chemisch reagiert zum Galliumsulfid. Der

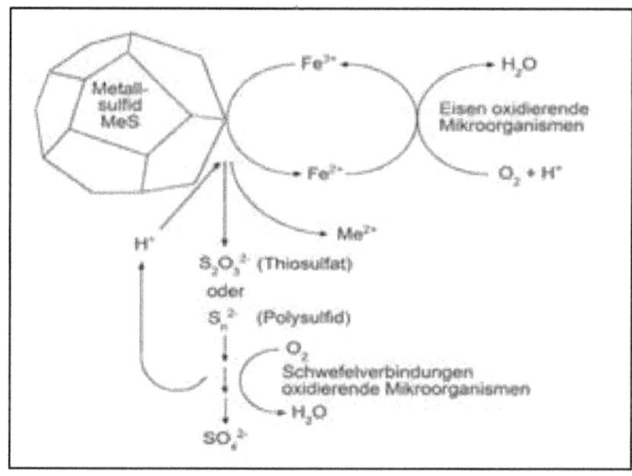

Abbildung 9: Die Rolle von Eisen- und Schwefelverbindungen oxidierender Mikroorganismen bei der oxidativen Laugung von Metallsulfiden. Skizze angelehnt an Schippers & Sand 1999

Kontaktmechanismus berücksichtigt, dass die Mehrheit der Zellen an der Oberfläche von Sulfidmineralien anhaftet. Das bedeutet, dass der Prozess der Auflösung von Galliumsulfid, im Grunde eine elektrochemische Reaktion zwischen Eisen(III)-Ionen und Galliumsulfid darstellt, die an der Grenzfläche zwischen Bakterienzelle und Mineraloberfläche stattfindet. Der Raum zwischen Zellwand und Oberfläche ist ein biogener Reaktionsraum, der mit bakteriellen extrazellulären polymeren Substanzen (EPS)[41] gefüllt ist.

---

[41] langkettige Verbindungen (Polymere), die v. a. von Mikroorganismen gebildet und von ihnen in ihre unmittelbare, der Zelle angrenzenden, Umgebung abgegeben werden, sich also extrazellulär befinden

Das biologische Auslaugen wird durch eine Kombination von Protonenangriffen und Oxidationsprozessen erreicht. Entscheidendes Kriterium dabei ist die Löslichkeit von Galliumsulfid, die durch die elektronische Konfiguration bestimmt wird. Galliumsulfid ist säurelöslich, weil die Valenzbanden[42] aus dem Gallium stammen und die Sulfid-Atom-Orbitale mehr oder weniger löslich sind. Beim sogenannten Polysulfid-Pathway werden die Valenzband-Elektronen aus dem Bindungsmetall-Atom-Schwefel-Orbital extrahiert. Folglich werden die chemischen Bindungen zwischen Gallium und der Schwefeleinheit durch Eisen(III)-Ionen und zusätzlichen Protonenangriffen gebrochen. Eisen(III)-Ionen extrahieren Elektronen aus dem Galliumsulfid und werden dadurch auf die Eisen(II)-Form reduziert. Als Ergebnis wird der Galliumsulfidkritall freigesetzt sowie Metallkationen, wasserlösliche Zwischenschwefelverbindungen und natürlich auch A. ferrooxidans, die dann das Recycling von Eisen(III)-Ionen katalysieren. Bei dem zusätzlichen Protonenangriff werden die befreiten Zwischenschwefelverbindungen und die schwefelverbindungsoxidierenden Bakterien abiotisch oxidiert. Man könnte davon ausgehen, dass nach der Bildung von zwei Protonen Schwefelwasserstoff aus dem Galliumsulfid freigesetzt wird. Neben den gebildeten Nebenprodukten sind Thiosulfat, Polythionate und Sulfat keine absolute Voraussetzung für den Polysulfidweg. Galliumsulfid kann auch durch die Aktivität von A. ferrooxidans ausgelöst werden.

4.3. Folgerungen/Ausblick

Alle acidophilen Metallsulfid-oxidierenden Mikroorganismen oxidieren Fe(II) und/oder Schwefelverbindungen. Die meisten dieser Mikroorganismen fixieren Kohlenstoffdioxid und wachsen chemolithoautotroph, darunter auch A. ferrooxidans. Die Organismen werden je nach Temperatur in verschiedene Gruppen eingeteilt um das optimale Wachstum zu gewährleisten, mesophile Bakterien bis zu ca.40°C.

Die Hauptrolle der Bakterien bei dem Auslaugungsprozess ist die Regeneration der Eisen(III)-Ionen, die das wichtigste Oxidationsmittel in sauren Biotopen sind. Das dreiwertige Eisen ist bei niedrigen pH-Werten verhältnismäßig gut löslich. Somit kontrollieren diese acidophilen Eisen(II)-Oxidierer das Redoxpotential ihrer Umgebung, da es vor allem durch das Verhältnis von Eisen(II)- und Eisen(III)-Ionen bestimmt wird. Daneben unterstützen die Bakterien Prozesse zur Umwandlung von intermediären Schwefelverbindungen zu Schwefelsäure. Endscheidend für die Laugung ist hier das

---

[42] Bändermodell, mit dem die elektrische Leitfähigkeit, speziell die der Halbleiter, erklärt wird

Zusammentreffen von Mineral, Wasser und Sauerstoff; ist dieses Zusammentreffen gegeben, vermehren sich die Organismen in der Lösung.

Das Experiment hat mir gezeigt, dass die Biolaugung mittels Mikroorganismen eine zukunftsweisende Methode ist, um aus einem Erz ein Reinmetall herzustellen. Dies geht zum einen schnell und ist umweltfreundlich. Jedoch bei Metallen, wie Gallium, die verschiedene Verwendungen haben kann man mit Hilfe von Biomining nicht ausreichende Mengen herstellen, um den Bedarf zu decken. Dadurch sind viele Metalle, die nicht in reiner Form in der Natur vorkommen als kritische Rohstoffe anzusehen. Hierbei wird die Biolaugung wird in Zukunft sehr wichtig sein, um Gallium in ausreichender Menge vorrätig zu haben.

„Aufgrund der Verbindung zwischen dem Entstehen saurer Wässer und dem Bergbau spricht man von acid mine drainage (AMD) oder, wenn man den Zusammenhang zum Bergbau nicht so betonen möchte, von acid rock drainage. Die z. T. hohen Konzentrationen an ggf. toxischen Schwermetallen sowie die hohen Sulfatfrachten und der niedrige pH könnten zu einer erheblichen Beeinträchtigung der Wasserqualität führen. Dies hat zum einen Konsequenzen für den Naturschutz, weil sich in AMD-beeinflussten Gewässern eine andere Flora und Fauna ausbildet als in unbelasteten Gewässern. Das acid mine drainage kann aber zum zweiten auch zu erheblichen Nutzungseinschränkungen führen, sei es bezüglich der Nutzung des Wassers als Trinkwasser, als Kühlwasser für Kraftwerke (Korrosion) oder als Badegewässer."[43]

In diesem Bereich der Biotechnologie muss noch weiter und intensiver geforscht werden, um zukünftig die Prozesse zu verbessern und effektiver zu machen. Biolaugung ist ein Prozess, der die Zukunft entscheidend beeinflussen kann.

---

[43] tu-freiberg.de/sites/default/files/media/freunde-und.../zsfreunde2011_Seite52.pdf, 27.12.2017, S.1

5. Literaturverzeichnis

BUCHQUELLEN

a) Text:

Berkling, Viola/ Renneberg, Reinhard: Biotechnologie für Einsteiger. Springer Spektrum, 4. Auflage, Berlin/ Heidelberg 2013

Sand, Wolfgang/ Donati, R. Edgardo, Microbial Processing of Metal Sulfides. Springer, Niederlande 2007

INTERNETQUELLEN

a) Text:

https://de.wikipedia.org/wiki/Massenspektrometrie_mit_induktiv_gekoppeltem_Plasma - letzter Zugriff am 27.12.2017 um 19.00

http://www.icp-ms.de/wasist.htm - letzter Zugriff am 27.12.2017 um 19.00

https://de.wikipedia.org/wiki/Gallium - letzter Zugriff am 27.12.2017 um 19.00

http://www.seilnacht.com/Lexikon/31Gallium.htm - letzter Zugriff am 27.12.2017 um 19.00

https://www.lernhelfer.de/schuelerlexikon/chemie/artikel/gallium - letzter Zugriff am 27.12.2017 um 19.00

https://de.wikipedia.org/wiki/Acidithiobacillus - letzter Zugriff am 27.12.2017 um 19.00

https://microbewiki.kenyon.edu/index.php/Acidithiobacillus_ferrooxidans - letzter Zugriff am 27.12.2017 um 19.00

https://www.ncbi.nlm.nih.gov/pmc/articles/PMC2621215/ - letzter Zugriff am 27.12.2017 um 19.00

https://de.wikipedia.org/wiki/Eisenoxidierende_Mikroorganismen - letzter Zugriff am 27.12.2017 um 19.00

http://www.spektrum.de/lexikon/biologie/eisenoxidierende-bakterien/20516 - letzter Zugriff am 27.12.2017 um 19.00

https://de.wikipedia.org/wiki/Bioleaching - letzter Zugriff am 27.12.2017 um 19.00

https://www.bgr.bund.de/DE/Themen/Min_rohstoffe/Biomining/biomining_node.html   -   letzter Zugriff am 27.12.2017 um 19.00

http://www.spektrum.de/lexikon/chemie/erzlaugung/305 - letzter Zugriff am 27.12.2017 um 19.00

https://www.google.de/url?sa=t&rct=j&q=&esrc=s&source=web&cd=2&ved=0ahUKEwjUnIW6m rLYAhXRJ-wKHdNJAQoQFgguMAE&url=https%3A%2F%2Fdechema.de%2Fdechema_media%2FPP_Geobi otechnologie_einzel-p-4334-view_image-1-called_by-dechema-original_site-dechema_eV-original_page-124930.pdf&usg=AOvVaw3hc9r3iX3aUz3r89RJChDd   –   letzter   Zugriff   am 27.12.2017 um 19.00

b) Abbildungen:

1.

https://nebula.wsimg.com/obj/RUEzMzdDMjE2QzAyNjQyNzkwNDY6NDZhMzJmODRmZTgyN jVmZThjMTg2MGY4MmEyMWQ5MWI6Ojo6OjA=

2.

http://www.seilnacht.com/Lexikon/galinst.JPG

3.

https://www.bgr.bund.de/DE/Themen/Min_rohstoffe/Bilder/bioreaktor_k.jpg?__blob=normal&v=2

4.

https://microbewiki.kenyon.edu/images/thumb/f/f3/A._ferrooxidans_image2.jpg/400px-A._ferrooxidans_image2.jpg

5.

https://microbewiki.kenyon.edu/index.php/File:A._ferrooxidans_metabolic_pathway.png

6.

https://upload.wikimedia.org/wikipedia/commons/thumb/0/0d/Tabletop_centrifuge.jpg/1200px-Tabletop_centrifuge.jpg

7.

https://smhttp-ssl-41526.nexcesscdn.net/media/catalog/product/cache/1/image/1400x/9df78eab33525d08d6e5fb8d271
36e95/2/7/2704774_transferpette-s-single-channel-adjustable-volume-pipette-10ul-100ul_angled-
view_2.jpg

8.

http://www.icp-ms.de/tech/img/icp-ms.gif

9.

tu-freiberg.de/sites/default/files/media/freunde-und.../zsfreunde2011_Seite52.pdf

Anhang

<u>Erklärung der Ansätze biotisch und abiotisch</u>

- ➢ biotisch: enthält den Bakterienstamm Acidithiobacillus ferrooxidans
- ➢ abiotisch: keine laugungsaktive Bakterien enthalten (Kontrollen)

<u>Beobachtung der Ansätze biotisch und abiotisch</u>

	Biotisch 1,2,3	**Abiotisch 1,2**
28.08.	Grau	Grau
13.09.	Orange	Grau

<u>Messwertergebnisse vom 28.08.2017 und 13.09.2017</u>

<u>a) in tabellarischer Form</u>

Datum	**Zeit**	**Probenahme Nr.**	**Probe**	**pH-Wert**	E_H **in mV**	c_{Ga} **in mg**
28.08.	11.25 Uhr vor Zugabe von GaAs	**1**	biot. 1	2.287	489	0
			biot. 2	2.254	592	0
			biot. 3	2.252	610	0
			abiot. 1	2.042	326	0
			abiot. 2	2.074	326	0
	13.15 Uhr nach Zugabe von GaAs	**2**	biot. 1	2.748	186	281600
			biot. 2	2.855	201	348400
			biot. 3	2.816	207	171200
			abiot. 1	2.534	227	182700
			abiot. 2	2.533	175	379500
	14.35 Uhr nach Zugabe von GaAs	**3**	biot. 1	2.917	203	335200
			biot. 2	2.914	216	0
			biot. 3	2.875	200	393700
			abiot. 1	2.559	187	173200
			abiot. 2	2.562	189	171300

	15.35 Uhr		biot. 1	2.751	202	314500
			biot. 2	2.803	232	351000
	nach	4	biot. 3	2.707	203	331800
	Zugabe		abiot. 1	2.513	187	174700
	von GaAs		abiot. 2	2.529	198	168500
	13.10. Uhr		biot. 1	2.522	571	822700
	nach		biot. 2	2.525	573	816200
13.09.	Zugabe	5	biot. 3	2.424	576	1073000
	von GaAs		abiot. 1	3.136	271	0
			abio. 2	3.102	281	124000

<u>b) in Diagrammform</u>

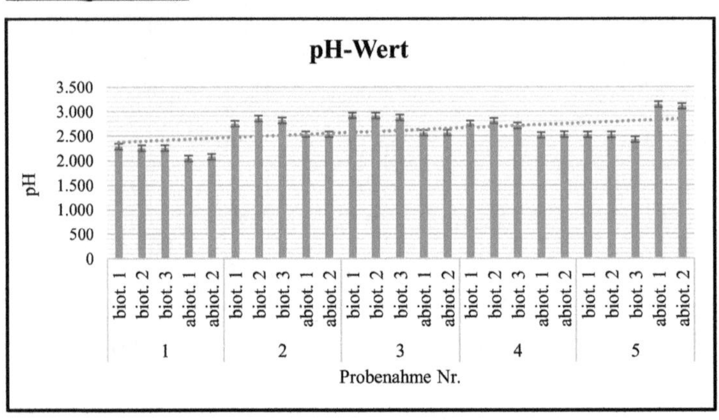

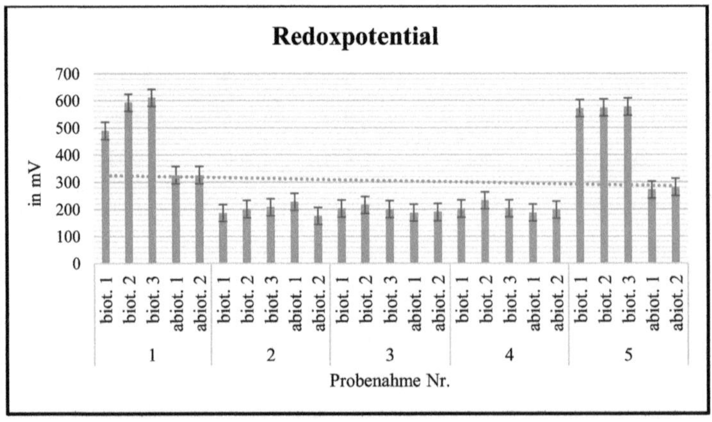

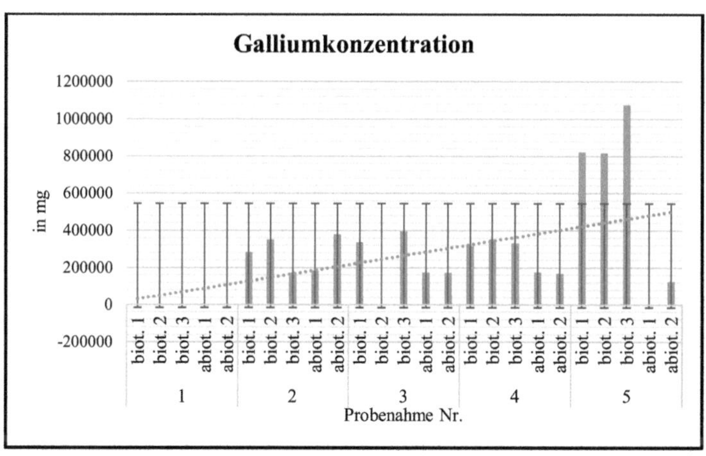

c) komplette ICP-MS Messung

Arsen, Cobalt, **Gallium**, Nickel, Probename, Datum-Uhrzeit

<LoD,115.7,**<LoD**,<LoD,500,SS+Rob_GaAs-B1_28/08/17-11:25

<LoD,82.8,**<LoD**,<LoD,500,SS+Rob_GaAs-B2_28/08/17-11:25

<LoD,111.7,**<LoD**,<LoD,500,SS+Rob_GaAs-B3_28/08/17-11:25

<LoD,123.6,**<LoD**,<LoD,500,SS+Rob_GaAs-A1_28/08/17-11:25

<LoD,101,**<LoD**,<LoD,500,SS+Rob_GaAs-A2_28/08/17-11:25

308000,81.95,**281600**,<LoD,1000,SS+Rob_GaAs-B1_28/08/17-13:15

370400,93.25,**348400**,<LoD,1000,SS+Rob_GaAs-B2_28/08/17-13:15

156600,74.66,**171200**,<LoD,1000,SS+Rob_GaAs-B3_28/08/17-13:15

167300,415,**182700**,<LoD,1000,SS+Rob_GaAs-A1_28/08/17-13:15

376600,115,**379500**,<LoD,1000,SS+Rob_GaAs-A2_28/08/17-13:15

401600,<LoD,**335200**,<LoD,5000,SS+Rob_GaAs-B1_28/08/17-14:35

364400,64.22,298600,**<LoD**,5000,SS+Rob_GaAs-B2_28/08/17-14:35

429300,<LoD,**393700**,<LoD,5000,SS+Rob_GaAs-B3_28/08/17-14:35

164700,53.89,**173200**,<LoD,1000,SS+Rob_GaAs-A1_28/08/17-14:35

158900,67.36,**171300**,<LoD,1000,SS+Rob_GaAs-A2_28/08/17-14:35

371300,<LoD,**314500**,<LoD,5000,SS+Rob_GaAs-B1_28/08/17-15:35

440600,<LoD,**351000**,<LoD,5000,SS+Rob_GaAs-B2_28/08/17-15:35

379100,<LoD,**331800**,<LoD,5000,SS+Rob_GaAs-B3_28/08/17-15:35

167400,208.4,**174700**,<LoD,1000,SS+Rob_GaAs-A1_28/08/17-15:35

161500,55.11,**168500**,<LoD,1000,SS+Rob_GaAs-A2_28/08/17-15:35
222200,<LoD,**822700**,<LoD,10000,SS+Rob_GaAs-B1_13/09/17-13:10
264500,<LoD,**816200**,<LoD,10000,SS+Rob_GaAs-B2_13/09/17-13:10
863600,1612,**1073000**,<LoD,10000,SS+Rob_GaAs-B3_13/09/17-13:10
<LoQ,<LoD,**<LoD**,<LoD,10000,SS+Rob_GaAs-A1_13/09/17-13:10
518800,314,**124000**,<LoD,10000,SS+Rob_GaAs-A2_13/09/17-13:10

<LoD= Wert konnte nicht erfasst werden, da er zu gering ist

BEI GRIN MACHT SICH IHR WISSEN BEZAHLT

- Wir veröffentlichen Ihre Hausarbeit,
  Bachelor- und Masterarbeit

- Ihr eigenes eBook und Buch -
  weltweit in allen wichtigen Shops

- Verdienen Sie an jedem Verkauf

Jetzt bei www.GRIN.com hochladen
und kostenlos publizieren